Ouvrages de M. Raspail indispensables, non-seulement pour approfondir la théorie et la pratique de la nouvelle méthode de médecine hygiénique et curative, mais encore pour refaire une éducation faussée par la mauvaise direction des études classiques :

1° REVUE ÉLÉMENTAIRE DE MÉDECINE ET PHARMACIE DOMESTIQUES, AINSI QUE DES CONNAISSANCES ACCESSOIRES ET USUELLES, MISES A LA PORTÉE DE TOUT LE MONDE, par **F.-V. RASPAIL.** — 2 volumes in-8° de 398-384 pages, 1847-1849. — Prix de chaque volume (car on peut prendre chaque volume séparément) : 6 fr., par la poste : 7 fr. 50 c[s].

2° REVUE COMPLÉMENTAIRE DES SCIENCES APPLIQUÉES A LA MÉDECINE ET PHARMACIE, A L'AGRICULTURE, AUX ARTS ET A L'INDUSTRIE, par F.-V. RASPAIL. — 6 volumes in-8° de 392-384 pages chacun, 1854-1860, avec nombreuses figures sur bois dans le texte. — Prix de chaque volume : 6 fr. ; par la poste : 7 fr. 50 c[s].

3° HISTOIRE NATURELLE DE LA SANTÉ ET DE LA MALADIE CHEZ LES VÉGÉTAUX ET LES ANIMAUX EN GÉNÉRAL ET EN PARTICULIER CHEZ L'HOMME, par F.-V RASPAIL. — 3 volumes in-8°, avec nombreuses figures sur bois dans le texte, plus 19 planches sur acier d'après les dessins et gravures de son fils F.-Benj. RASPAIL.

PRIX. { **Exemplaire avec planches en noir : 30 francs.**
— — **coloriées : 40 —**

1° La *Revue élémentaire de Médecine et Pharmacie domestiques* a paru de juin 1847 à juin 1849, où elle s'arrêta par force majeure, après avoir bravé pendant un an le triomphe de la St-Barthélemy de juin 1848.

2° La *Revue Complémentaire des Sciences appliquées*, fondée dès que l'exil nous eut rendu la liberté, a paru d'août 1854 jusqu'en août 1860, où le besoin de repos, après les longues fatigues nécessitées par une triple publication, ainsi que la perspective de certaines autres circonstances, nous ont forcé d'en clore le cours.

On trouvera, dans ces deux recueils, une série de discussions approfondies sur différents points de la théorie et de la pratique de la nouvelle méthode; la solution de différents problèmes de chimie, physique du globe et d'astronomie; des nombreux cours d'initiation aux sciences et fondés sur des idées et expérimentations nouvelles : anatomie, chimie et physique; mathématiques et météorologie appliquée à l'agriculture; fabrication de la bière ; origine de la musique réglée; géologie appliquée à l'histoire; entomologie morbipare ; botanique et physique; études archéologiques sur le Donjon de Vincennes ; études physiognomoniques et toxicologiques sur Guy Patin, J. Liébault, Charles Estienne, auteurs de la *Maison rustique* et Olivier de Serres, Louis XIII, Richelieu et le père Joseph, Mazarin et Anne d'Autriche, Louis XIV et le Masque de fer, Jean-Jacques Rousseau et Voltaire, Thomas Brown, auteur de la *Religion du Médecin*, Rabelais, Eugène Sue, Clement XIV et les jésuites, etc.; c'est de l'histoire exhumée par la médecine et la logique; c'est le renversement, par la démonstration, de tous les errements accrédités par la crédulité héréditaire de l'enseignement littéraire et scientifique ; c'est la porte grandement ouverte au libre examen sur les hommes et les choses, sur les lois morales et physiques de l'univers.

3° *Voyez, pour* l'Histoire naturelle de la santé et de la maladie, *le verso du 2° feuillet de cette couverture.*

BÉLEMNITES FOSSILES

RETROUVÉES

A L'ÉTAT VIVANT.

HISTOIRE NATURELLE DES AMMONITES

(COMPLÉMENT DES *ANNALES DES SCIENCES D'OBSERVATION*, 1829-1830).

par

F.-V. RASPAIL.

In-8° de VIII-56 pages, sur papier vélin, avec 4 belles planches in-4°.

Il n'a été tiré que cent exemplaires de cet ouvrage

Prix : 12 fr.

Tout exemplaire de cet ouvrage, ainsi que de tous les autres ouvrages de M. Raspail, qui désormais ne porterait pas la signature de l'auteur, doit être réputé contrefait.

Bruxelles. — Typ. de Ch. Vanderauwera, rue de la Sablonnière, 8, près la rue Royale.

BÉLEMNITES

FOSSILES

RETROUVÉES

A L'ÉTAT VIVANT;

PAR

F.-V. RASPAIL.

Avec une planche en couleur, dessinée et gravée par son fils Benj. Raspail.

> Rerum natura, nusquam magis, quam in minimis, tota est.
>
> Plin. lib. xi, cap. ii.

PARIS,
CHEZ L'ÉDITEUR DES OUVRAGES
de M. Raspail,
14, RUE DU TEMPLE, 14.
(près de l'Hôtel de ville).

BRUXELLES,
A L'OFFICE DE PUBLICITÉ,
LIBRAIRIE NOUVELLE,
39, Rue Montagne de la Cour, 39

MARS 1861.

A LA SCIENCE,

hors de laquelle tout n'est que folie;

A LA SCIENCE,

l'unique Religion de l'avenir;

dont le but c'est Dieu, le temple l'univers,

le culte, l'étude de la nature;

et dont la pratique, c'est la bonté envers tous,

sans être dupe de personne;

son plus fervent et désintéressé
croyant

F.-V. RASPAIL.

Stalle-sous-Uccle lez-Bruxelles,

1er février 1861.

BÉLEMNITES

FOSSILES

RETROUVÉES

A L'ÉTAT VIVANT.

---

§ 1er. HISTORIQUE.

1. On désigne sous le nom de BÉLEMNITES des pierres fossiles qu'on prendrait, au premier coup d'œil, pour des bâtons d'oursin, coniques, cylindriques, fusiformes ou aplatis, à surface lisse, mais variant de coloration, selon les terrains, entre le bleu d'ardoise et le chatoiement plus ou moins dégradé de ce qu'on appelle *gorge de pigeon;* l'unique espèce que l'on rencontre fréquemment dans la craie de Meudon affecte constamment la transparence et jusqu'à la teinte d'un bâton de *sucre d'orge*, dont les carriers lui ont donné le nom.

2. En certains gisements, ces fossiles existent en si grand nombre qu'on les y remue à la pelle, et qu'on dirait que, sous le coup de pioche, la roche se désagrége en *bélemnites*.

3. Il n'est pas dans le monde de terrain secondaire et alpin, jusqu'à la craie inclusivement, où ne se rencontrent ces corps sous l'une ou l'autre de leurs formes habituelles.

4. Il est donc impossible qu'ils aient échappé à l'atten-

tion des naturalistes de l'antiquité; et cependant il n'en est fait mention, pas même d'une manière indirecte, dans aucun de nos classiques grecs. Car il n'est plus besoin aujourd'hui de relever l'imposture des pharmacopoles du XVIe siècle, qui vendaient les *bélemnites* comme étant le fabuleux *lyncurium* décrit par Théophraste et tant vanté par les anciens pour ses prétendues vertus diurétiques. La fraude des marchands de santé a besoin de se couvrir d'un vernis d'érudition; et elle n'a jamais, à cet égard, la main heureuse : en donnant la *bélemnite* pour le *lyncurium* des anciens, elle adoptait une pure billevesée et faisait une fausse application. Elle faisait bon poids, bonne mesure; au lieu d'un mensonge, elle en vendait deux; on n'était trompé que sur la nature de la marchandise : de quoi donc se plaignait-on?

5. D'après Théophraste, qui emprunte cette fable à Dioclès, dont les livres ne sont pas parvenus jusqu'à nous, l'urine du lynx aurait été douée de la propriété de se coaguler en tombant sur la terre, et de se concréter en une espèce de perle; et le lynx, chaque fois, aurait pris grand soin d'enfouir son produit dans la terre, jaloux de soustraire une telle panacée aux recherches de l'homme; de là lui serait venu le nom de *lyncurium* (*).

Mais déjà Pline avait fait justice d'une telle fable, en voyant le *lyncurium* prétendu dans l'ambre et le succin, deux substances qui acquièrent par le frottement la propriété d'attirer les corps légers de nature quelconque, et qui ont la transparence des gemmes et la couleur de l'or, tous caractères que Théophraste attribue au *lyncurium*.

Cependant, en dépit de la décision de Pline et de Dioscoride, les vendeurs d'orviétan tenaient encore tant à leur interprétation doctissimement absurde, que l'autorité

(*) Du grec *ouron*, urine et *lygx*, *lygcos*, lynx ou loup-cervier.

de Matthiole eut, vers le milieu du XVIe siècle, toutes les peines du monde à les désabuser.

6. Nous trouvons dans la littérature latine des traces moins contestables de la connaissance des bélemnites; car Pline et Solin, qui, sans se connaître, ont puisé aux mêmes sources, nous parlent tous les deux de certaines pierres de couleur ferrugineuse et d'après eux spéciales à la constitution du mont Ida en Crète, fossiles qui auraient la forme du pouce de l'homme, d'où leur serait venu leur nom de *dactyli idæi* (doigts du mont Ida). Or rien ne se rapproche plus, en fait de jeux de la nature, d'un pouce de géant, que certaines bélemnites de nos Alpes, que nous avons fait connaître pour la première fois en 1829, dans nos *Annales des sciences d'observation*, t. I, pl. 7, fig. 55, 58, 59, etc.

7. Du reste nous le répétons, il est impossible que des corps répandus avec une telle profusion dans toutes les couches du terrain secondaire, aient pu échapper à la superstition des peuples et à l'observation des naturalistes de Rome et de la Grèce; et pourtant tout ce que nous en savons par leur canal se réduit à la phrase succincte que Pline et Solin ont traduite, chacun de leur côté sans doute, de la matière médicale de *Niger* qui n'est pas parvenue jusqu'à nous : « On désigne, dit Solin, sous le nom de *dactylus idæus* (doigt du mont Ida), une pierre fossile qui se forme dans l'île de Crète, qui a la couleur du fer et la forme du pouce de l'homme. (*Lapis idæus dactylus dicitur insulæ illius* (*Cretæ*) *alumnus, coloris ferrei, humano pollici similis*. Solin, *Polyhist.*, cap. XVII). — Pline rend la pensée avec plus de concision en ces termes : « Dans l'île de Crète, les *dactyli idæi* (ou digitations du mont Ida) qui ont une couleur ferrugineuse, affectent la forme du pouce de l'homme (*Idæi dactyli in Cretâ ferreo colore pollicem humanum exprimunt*. Pline, *Hist. nat.*, lib. 36, cap. 10).

8. Il suivrait de là que la forme la plus fréquente des

bélemnites, celle qui rappelle le mieux les formes des bâtons d'oursins, la forme conique ou en fuseau, aurait complétement échappé à l'attention des naturalistes de la Grèce, à ces grands observateurs dont Pline et Solin ont mis leur gloire à se faire les compilateurs.

9. Le mot lui-même de *bélemnite*, quoiqu'il découle de deux mots grecs très-classiques et très-fréquemment employés (*belemnon* par les poëtes et *belos* par les prosateurs), pour désigner les traits et flèches décochés ou à décocher, le mot de bélemnite aurait l'air d'être d'une date très-moderne et de ne pas remonter plus haut que le siècle de la renaissance ; car on n'en trouve pas l'ombre d'une trace dans les classiques anciens, y compris leurs *lexicon*, celui de Suidas même, quoique nos dictionnaires grecs universitaires le placent au nombre des mots usités dans l'ancienne grécité.

Mais il ne faut pas y réfléchir bien longtemps pour admettre cette idée si simple et si lumineuse en même temps, que l'ensemble des livres de l'ancienne Grèce qui sont parvenus jusqu'à nous ne représente nullement toute la nomenclature de la langue parlée à cette époque, et qu'une foule de mots usuels de la langue parlée ont été perdus, avec la masse de livres que le temps et le vandalisme religieux des premiers siècles du christianisme ont ravis à la postérité (*). Je suis d'avis que le nom de *bélem-*

(*) A la suite d'une seule prédication que Paul fit à Éphèse, l'illustre et élegante ville de Diane chasseresse, on livra aux flammes un nombre de volumes grecs estimés à cinquante mille deniers de l'époque, ou vingt mille francs de notre monnaie (*Act. des apôtr.*, *ch.* 19, *v.* 18 et 19); jugez, par un seul de ces *auto-da-fé*, de ce qui a dû successivement passer par les flammes et l'oubli, de ces chefs-d'œuvre de langage, de ces perles de la poésie, de ces savantes recherches de la philosophie, dont nous ne retrouvons par-ci par-là que des lambeaux que nous achetons aujourd'hui au poids de l'or : c'est à en rougir de honte. Rougissez et puis fermez les yeux ; car la littérature contemporaine est en proie au même vandalisme que le fut la littérature de l'antiquité dès l'apparition du christianisme : si Voltaire et Jean-Jacques sont parvenus jusqu'à nous,

nites est de ce nombre; et que si l'on ne le rencontre pas dans la langue écrite, il s'est conservé par la tradition dans la langue que l'on parle encore aujourd'hui dans les diverses régions de l'ancienne Grèce; et voici sur quoi je me fonde : Le premier auteur qui ait employé ce mot est à la vérité un moderne, Pierre Belon (*); mais il ne dit nullement que le mot de bélemnite soit de son invention. Ce voyageur arrive en Crète; il retrouve sur le mont Ida les pierres désignées par Pline et Solin sous le nom de *dactyli idæi;* et il s'en exprime de la manière suivante au chap. XV de son premier livre, sous cette rubrique : *D'une pierre de Crète dont Solin a faict mention, nommée dactylus idæus*... « Bien avons voulu adjouter, dit-il, que la pierre que Solin nomme *dactylus idæus*, et autres nomment BÉLEMNITE et nous faussement *lapis lyncis*, a prins son nom du mont Ida de Crète, dont on la trouva premièrement. Mais outre qu'elle est trouvée en Crète, nous l'avons aussi veue en une montagne voisine à Luxambourg, qu'on nomme le mont Saint-Jean, cette fois que le Roy François Père

ce n'est pas la faute de nos nymphes qui, sur le retour, quittent le temple de Diane et d'Endymion pour le confessionnal de l'inquisition; nous sommes redevables de la conservation de leurs œuvres complètes à l'admirable fécondité de la *presse* qui manqua à la propagation des chefs-d'œuvre de l'antiquité. La philosophie du paganisme n'a jamais fait brûler les livres des chrétiens; la philosophie en tous les temps, chaste et bonne fille de Dieu, amie des hommes, étudie tout dans la nature et ne repousse rien sans en avoir pris connaissance : elle ne persécute personne; elle cherche à ramener les ignorants, plaint les sots et se contente de se garer des fourbes : son flambeau éclaire et n'incendie pas.

(*) *Les observations de plusieurs singularitez et choses mémorables, trouvées en Grèce, Asie, Judée, Égypte, Arabie et autres pays estrangers, rédigées en trois livres*, par Pierre Belon du Mans. Paris, 1558. La première édition du livre est de 1553 : Pierre Belon nous avertit, à la fin de sa préface, qu'il partit de France l'an 1546 et qu'il y revint de son voyage l'an 1549; il mit quatre ans à rédiger et à faire imprimer son livre; la citation sur laquelle nous allons baser notre conjecture, appartient à la première année de ce voyage. Ces indications de date nous serviront plus bas.

des lettres, fist fortifier le dict mont; car après que les pionniers eurent cavé trois pas en terre, la plus grande partie de ce qu'ils bêchoient, estoit *dactylus idæus*. Les marchans la vendent en leurs boutiques, la nommans *lapis lyncis*; mais c'est un faux nom, qui convient à l'ambre jaune. »

On le voit, ce que Solin (Belon oublie de citer Pline) avait nommé *dactylus idæus* ce qui lui paraît identique aux fossiles que l'on tirait par pelletées des fortifications de Luxembourg, d'autres le nommaient, dit-il, bélemnite. Or ces autres ne pouvaient être que les Grecs crétois qui lui servaient de guides; car il n'est pas de livre latin de cette époque, ou d'une époque antérieure, qui ait jamais fait mention de ce mot avant Belon; et comme les mots de la langue vulgaire sont les plus anciens mots connus (car le peuple modifie, mais ne change pas ses expressions; il ne vise pas au néologisme; il tient à parler comme avaient parlé ses pères), il s'ensuit que nous devons considérer le mot de BÉLEMNITES comme remontant, par la tradition, jusqu'à la plus haute antiquité grecque, pour désigner ce que, par une exception toute locale et religieuse, les Crétois nommaient *dactylus idæus* sur le mont Ida. Je dis religieuse; car il y avait peut-être entre cette expression appliquée à ces pierres et la dénomination de Dactyles que portaient en Crète les prêtres de Cybèle, autant de relation que nous en avons signalé entre les *ammonites* et le culte de Jupiter Ammon ([*]).

10. On aura sans doute donné le nom de *bélemnites* (fers de flèche) à ces pierres, soit parce que, faute de fers de flèche, dans un moment de pénurie et au sein du combat, on aura anciennement adapté une de ces pierres agatisées au bout de la hampe du javelot, soit parce que les

([*]) Voyez *Histoire naturelle des ammonites, suivie de la description des espèces fossiles des basses Alpes de Provence, de Vaucluse et des Cévennes*, par F.-V. Raspail. Paris, 1842, in-8°.

habitants des montagnes, ayant rencontré sur certains points une agglomération de ces fossiles, à la suite d'un éboulement produit par l'orage, auront pris ces corps pour tout autant de pierres du tonnerre et de dards de la foudre (κεραυνοῦ βέλεμνα); et c'est ce que croyaient encore de mon temps les paysans de nos montagnes des Alpes. Car enfin il se rencontre çà et là de ces bélemnites agatisées, qui semblent avoir été façonnées par la nature pour faire office de traits, avec autant d'art et de succès que les Celtes taillaient les leurs dans l'agate.

11. Quoi qu'il en soit, le seul auteur contemporain de Belon qui se soit servi du mot de *bélemnite* pour désigner les fossiles dont nous nous occupons, c'est l'éditeur des œuvres d'Agricola (*De re metallicâ*, 1546), dont la publication avait lieu en même temps que celle du livre de Belon; peut-être qu'Agricola ou son éditeur aura puisé cette dénomination aux mêmes sources.

12. Matthiole n'a pas connu ce nom, parce qu'au moment où il publiait ses *Commentaires* sur Dioscoride, en 1558, il n'a pu sans doute avoir entre les mains ni l'ouvrage d'Agricola, ni celui de Belon, dont l'importance ne tarda pas à exercer une grande influence sur les progrès ou plutôt sur la renaissance des études en histoire naturelle.

13. Mais le nom une fois adopté, de préférence à celui de *lyncurium* qui n'a jamais été employé que par la fraude, et ensuite à ceux de *dactyli idæi*, dont nous nous sommes suffisamment occupés, de *ceraunitæ* (ou pierres du tonnerre), d'*alveoli* (que nous expliquerons plus bas), de *lapides caudæ cancri* (pierres de la queue de l'écrevisse), noms divers sous lesquels on a désigné les bélemnites, les auteurs subséquents ne tardèrent pas à s'occuper des rapports d'analogie de ces fossiles avec les corps vivants. Les premiers qui abordèrent cette question ne virent dans ces fossiles que des jeux de la nature, que des bizarreries d'un travail géologique et souterrain qu'ils désignaient sous le

nom collectif de *pierres figurées* ou ayant la figure de quelque produit de la nature, sans en avoir la nature et l'origine. Au reste, aux yeux de ces premiers observateurs, nos coquilles fossiles, dans leur plus bel état de conservation, n'étaient également que des pierres figurées ; et on n'aurait jamais voulu croire alors, ce que Bernard de Palissy le premier s'est donné tant de mal à démontrer plus tard, à savoir, que des coquilles semblables à celles que nous retrouvons sur nos rivages aient jamais pu s'être enfouies à cent pieds sous terre et sous vingt couches de pierres dures comme des cailloux.

Mais lorsque l'idée lumineuse de Bernard de Palissy eut fait fortune parmi les observateurs de la nature, et que le plus grand nombre des corps figurés fossiles eurent rencontré, aux yeux des savants, leurs analogues parmi les êtres vivants, il se trouva que les bélemnites étaient une espèce de fossiles qui se refusaient à tous les rapprochements que l'on tentait d'en faire ; la comparaison en clochait chaque fois par un bout. Afin que nos lecteurs puissent comprendre par quels côtés péchait la comparaison, il est bon de donner d'abord une description complète de la *bélemnite*.

§ 2. DESCRIPTION DE LA BÉLEMNITE.

14. La figure 2 de la planche qui termine ce mémoire vous représente, infiniment réduite, une bélemnite conique, forme la plus connue des anciens géologues. Grossissez cette figure sept fois en toutes dimensions, et vous aurez sous les yeux la figure des plus grands échantillons que l'on rencontre communément dans les terrains secondaires. Il vous arrivera même, en certains gisements, d'en rencontrer des échantillons avec la couleur chatoyante que l'on remarque sur les figures 4 et 5 de la même planche. Mais jamais vous n'exhumerez un seul de ces corps qui soit ter-

miné également par les deux bouts. Chez quelques-uns les deux bouts seront également effilés; mais l'un des deux offrira des accidents de cassure, de désemboitement en quelque sorte, qui varieront à l'infini par leurs exfoliations. D'autres échantillons, effilés seulement par leur extrémité intacte, vous arriveront comme ayant été brisés par la panse; et, par ce côté, vous remarquerez l'ouverture d'une cavité conique, tantôt vide jusqu'à une assez grande profondeur, tantôt pleine de la terre du gisement, et tantôt remplie par un corps également conique qui peut s'en détacher avec facilité et à qui la cavité sert exactement de moule. La figure 9 de notre planche représente ce corps dans la position renversée; on le nomme l'*alvéole* de la bélemnite, par une espèce de métonymie qui donne au contenu la dénomination du contenant, comme si on appelait *alvéole* la racine de la dent et non la cavité où se moule cette racine. Pour éviter ce *qui pro quo*, il est préférable de désigner ce corps sous le nom d'*alvéolithe* ou *alvéolite*, c'est-à-dire fossile formé dans l'intérieur de la cavité conique ou *alvéole* de la bélemnite.

15. L'axe de la cavité (*alvéole*) de la bélemnite se confond avec celui du corps de la bélemnite même, la base du cône avec la base de la bélemnite, et sa pointe est dirigée du côté de la pointe de la bélemnite, mais restant toujours à une grande distance de celle-ci. L'*alvéolite* est exactement moulée dans l'*alvéole* et la remplit exactement jusque vers son extrémité la plus effilée. En un mot l'*alvéolite* semble faire corps avec l'*alvéole*, quoiqu'elle puisse s'en détacher intégralement; et alors les parois de l'*alvéole* apparaissent presque aussi lisses que les surfaces externes de la bélemnite; tandis que, sur les parois externes de l'*alvéolite*, se dessinent des cercles correspondant à tout autant de diaphragmes et de concamérations transversales, qui diminuent de distance entre elles en même temps que le cône diminue de diamètre. Chacun de ces diaphragmes

est marqué, sur son aire, d'un point, trace évidente d'un canal auquel l'on donne le nom de *siphon* et qui met en communication non interrompue toutes les concamérations superposées. On voit ce point en *b* sur la fig. 9; il se reproduit sur chacun des diaphragmes subséquents jusqu'en *d*. Il est rare que les dernières et extrêmes concamérations se détachent du fond du moule sans se réduire en poudre, ce qui fait que les *alvéolites* ne sont jamais aussi effilées que la coupe des *alvéoles*, et qu'on ne les obtient jamais à sommets moins mousses et obtus qu'on ne le voit sur la fig. 9.

16. Nous venons de décrire la bélemnite conique; mais on serait bien loin de compte, si l'on s'arrêtait à cette forme générale; si largement modifiée qu'on se la représentât dans ses dimensions et dans les rapports de sa base à sa hauteur, on n'aurait encore sous les yeux qu'une bien faible partie des variations de forme, de grandeur et de coloration que ces fossiles vraiment protéiformes affectent dans certains gisements. Sous le rapport des formes et profils, à force de recueillir de ces fossiles, on finit par perdre le fil d'une définition exacte, tout autant que si l'on n'avait à définir la feuille que par ses formes générales, ses contours et sa coloration.

Nous le répétons, toutes les bélemnites ne sont pas munies d'*alvéolites* ni même d'*alvéoles*; il est de ces fossiles des mieux conservés qui n'offrent pas la moindre trace de l'une ou l'autre, si bien terminées qu'elles paraissent par les deux bouts; et c'est cette variation infinie de formes, de contours et de structure intime qui a jeté tant de confusion dans les tentatives de détermination de ces innombrables fossiles.

§ 3. TENTATIVES DE DÉTERMINATION QUI ONT EU LIEU, JUSQU'A CE JOUR, AU SUJET DES BÉLEMNITES.

17. Ceux qui n'ont eu sous les yeux que des *bélemnites* aiguës par les deux bouts ont été frappés de la ressemblance de ces corps avec les *bâtons* de certaines espèces d'oursins (*echini marini*); et de cette ressemblance frappante de la forme générale, ils en ont conclu l'identité de nature et d'origine des deux espèces d'individus. Mais il ne faut pas pousser bien loin l'étude comparative des *bélemnites* et des *bâtons d'oursins*, qui semblent offrir avec ces fossiles la plus grande ressemblance, pour reconnaître que les bélemnites n'ont pu être les appendicules cutanés d'aucune espèce d'oursin proprement dit. Car si, par leur extrémité supérieure, certains échantillons de bélemnites semblent se confondre avec certains bâtons d'*échinodermes* ou *oursins*, il n'en est pas moins évident que jamais à la pointe opposée ou base d'une bélemnite on n'a trouvé rien qui offre la trace la plus légère de cette cavité en segment de sphère, espèce de *cavité cotyloïde*, au moyen de laquelle le *bâton d'oursin* joue, comme par un mouvement de genou, sur l'un des tubercules demi-sphériques dont le *test* des oursins est *constellé*. Au reste la structure interne et médullaire des bâtons d'oursins diffère du tout au tout de celle des bélemnites, qu'on les compare au moyen de coupes transversales ou longitudinales. Enfin dans aucun *bâton d'oursin* fossile ou pris sur une espèce vivante on n'a jamais rien rencontré qui pût de loin ou de près rappeler l'*alvéole* ou l'*alvéolite* (15) des *bélemnites*; et c'est la présence de l'*alvéole* qui a porté les naturalistes à abandonner complètement cette première détermination analogique, qui avait paru si satisfaisante au premier coup d'œil.

18. La structure apparente de l'alvéolite, cette succes-

sion de concamérations ou cavités dont les diaphragmes se dessinent par tout autant de cercles sur la surface externe de ce cône (fig. 9), rappelait si bien celle de ces *ammonites* droites que l'on nomme *orthocératites* (du grec *orthos*, droit, et *kera*, corne), que les modernes classificateurs se rangèrent à l'envi du sentiment d'Ehrhart (*), qui assimilait les bélemnites à des *polythalames* (coquilles composées de plusieurs, *polus*; cavités, *thalamos*) classe dans laquelle se rangent les *nautiles*, les *ammonites* et les *orthocératites*; Cuvier et Lamarck se sont arrêtés à cette détermination. Les bélemnites ont donc passé de la classe des *bâtons d'oursins* dans celle des *coquilles concamérées* ou *polythalames* et ayant été habitées par un mollusque *sui generis*.

19. Ce point scientifique paraissait fixé définitivement dans le programme des études classiques, lorsque, le 4 avril 1823, Miller (J. S.), dans une lecture faite à la Société géologique de Londres, reprit en sous-ordre l'idée qu'avait émise Deluc (**), et chercha à établir que la *bélemnite* n'était autre chose qu'un *os de seiche*. C'était là évidemment une détermination *in extremis* et en désespoir de cause; car il y a aussi peu d'analogie entre la *bélemnite* et l'*os de seiche* qu'entre la corne du bœuf ou du rhinocéros et l'*os sternum* d'un quadrupède. Mettez entre les mains du premier écolier venu une *bélemnite* et un *os de seiche*, et tâchez de lui faire accroire que les deux échantillons peuvent être pris l'un pour l'autre, il partira d'un grand éclat de rire. Eh bien, c'est cette idée si saugrenue que Ducrotay de Blainville attrapa, pour ainsi dire, à la volée, sur le procès-verbal de la Société géologique de Londres, qu'il fit sienne dès sa première apparition, et à la démonstration de laquelle il consacra quatre ans d'études, de

(*) Ehrhartus (Joan. Balthasar). *De Belemnitis suevicis dissertatio.* Lugd. bat. 1724, in-4°.

(**) *Journal de physique*. 1801 et 1802, tom. 52 et 54.

courses et de recherches, dont il a publié les résultats en 1827, dans un mince volume in-4° (*), où ce que l'on trouve de vraiment nouveau se réduit à cette assimilation et à ce rapprochement de deux choses aussi diamétralement opposées.

20. Ducrotay de Blainville, par la tournure de son esprit et la bizarrerie de son caractère, semblait être prédisposé à l'adoption de tout ce qui porte l'empreinte du baroque et de l'excentrique, et à combattre par tous les moyens les moins délicats les opinions les plus généralement admises et les plus faciles à concevoir. Cœur sec et égoïste, esprit quinteux, acariâtre et querelleur, il voyait dans toute question, non un point de science à élucider, mais un individu à harceler; non une veine de recherches, mais un sujet de querelles, une occasion d'agacer, d'apostropher et de molester un travailleur, surtout si ce travailleur appartenait à la philosophie et se montrait hostile au *credo quià absurdum;* car Blainville était un adepte occulte de la société des persécutions, qui tenait alors, comme aujourd'hui, la clef de l'enseignement universitaire et celle des académies. Tête carrée et tondue, figure plate et nez retroussé, il suffisait de le voir pour deviner comment il allait ouvrir la bouche sur la première question qu'on jetait sur le tapis. Sa vie et ses études se sont consumées à ces sortes de mouvements fébriles et tracassiers; il n'est pas une grande et belle idée contre laquelle il ne se soit acharné, et il n'est pas une idée nouvelle qui se rattache à son nom. Il est mort après avoir beaucoup pris, compulsé, cité à tort et à travers, par une érudition également d'emprunt. Je doute que jamais on lui rende un tel service; et si nous parlons de son ouvrage en cet endroit, c'est plutôt pour déplorer la pénurie

(*) *Mémoire sur les Belemnites considérées zoologiquement et géologiquement.* In-4° de VIII-136 pages, avec cinq planches lithographiées. Paris, 1827.

d'idées et la pauvreté des collections de ce temps-là, que pour faire une niche à sa mémoire ; car il appert, du dépouillement de l'inventaire des échantillons de ***bélemnites*** que Blainville a eus à sa disposition pour fournir matière à ce mémoire, que les espèces prétendues de ces fossiles n'étaient, à cette époque, ni nombreuses ni bien curieuses, et qu'à part quatre ou cinq échantillons assez faiblement caractérisés, qui couraient les uns après les autres, d'un cabinet à un autre des collectionneurs de Paris, toutes les figures et descriptions qui enrichissent ce mémoire sont empruntées aux ouvrages déjà publiés par des savants étrangers.

Nous ne nous attacherons pas à réfuter l'idée empruntée par Blainville à Deluc et à Miller ; il suffit de l'énoncer pour qu'elle prenne rang à côté de tant d'autres de même force, en vertu desquelles les divers auteurs que nous avons omis de citer à dessein n'ont vu, à tour de rôle, dans les bélemnites que des *dents de requin*, des *glossopètres*, des *tuyaux marins*, des *helminthes fossilisés*, des *holothuries*, des *polypes*, enfin des *griffes d'étoiles de mer*.

§ 4. NOUVELLE PHASE OUVERTE A L'ÉTUDE ET A LA DÉTERMINATION DES BÉLEMNITES.

21. On en était à ce point de fatigue plutôt que de satisfaction, lorsqu'en 1828, un an après l'apparition du mémoire de Blainville, je reçus, de la part de M. Émeric, amateur zélé d'histoire naturelle, à Castellane (Basses-Alpes), une cargaison d'échantillons de bélemnites, que M. Émeric avait recueillies pendant ses excursions dans les montagnes de sa localité. Cet envoi renfermait un si grand nombre d'échantillons, que je ne m'attendais rien moins qu'à y trouver des choses bien rares, d'autant plus que, d'après ce que me marquait M. Émeric, l'envoi qu'il

m'adressait, il l'avait vainement offert depuis assez longtemps aux sommités professorales et académiques, qui toutes avaient repoussé une telle offre avec dédain (*). Qu'auraient eu à faire, ces possesseurs privilégiés des riches collections nationales, de l'envoi d'un pauvre gueux de la science relégué dans le fond des montagnes frontières du pays?

Mais vraiment, *les gueux, les gueux sont des gens heureux* même au banquet de la science; ce cadeau d'un *gueux* à un *gueux* du *gai scavoir* renfermait des trésors que devaient

(*) Je me demandais alors, avec un certain étonnement, en vertu de quel ordre de répugnances ces messieurs, qui prennent de toutes mains pour composer à moins de frais leurs collections, avaient tous repoussé de la sorte l'offre obligeante et désintéressée que leur faisait de si loin M. Emeric (de Castellane). Ce n'est que bien plus tard que je découvris le vrai motif de cette inexplicable indifférence, de ce dédain si en désaccord avec l'avidité habituelle et proverbiale de ces messieurs. Je ne savais pas alors que ces messieurs avaient un masque; et je ne m'en aperçus, comme tant d'autres, que du jour où, libres de toute contrainte, ils ne se gênèrent plus pour le soulever. A leurs yeux, M. Emeric, m'a-t-on assuré, portait en lui un stigmate irrémissible: prêtre, il avait abjuré, dès l'aurore de notre grande révolution, dans les bras de la philosophie et de la liberté, son éducation première et forcée: en conséquence, il dut être inscrit de longue date sur le *livre rouge*, et nos savants de cette époque et d'aujourd'hui ne manquent jamais d'aller consulter ce livre avant de se mettre en rapport avec qui que ce soit. Or quand on consulta le livre rouge, on y trouva, au *doit* et *avoir* de M. Emeric, qu'il avait prêté serment à la République. Dès ce moment son affaire était réglée; il importait à la gloire du dieu Moloch qu'on ne communiquât en aucune façon avec ce maudit, à moins qu'il n'eût entre les mains la clef de la Californie, et il n'avait que celle de gisements de pierre jusqu'à ce jour inexplorés. Il avait prêté serment à la République en 1793!! fi-i-i-donc!...

En 1848, ces puritains de Rome, prêtres, chanoines, évêques, cardinaux et jésuites, qui plus est, se ruèrent aux mairies et au pied des arbres de la liberté, pour prêter, à haute et intelligible voix, la tête haute et la main étendue, serment de fidélité à la *république une et indivisible* ayant pour exergue: *liberté, fraternité, égalité*. Cela est vrai! mais c'était avec l'intention de fouler aux pieds plus tard ce serment et de laver cette concession dans les hécatombes de la guerre civile: voilà la différence. Tandis que les assermentés de 1793 avaient gardé leur serment dans le cœur jusqu'à la fin de leur vie: les scélérats!!! ils n'avaient pas su se parjurer!!!

plus tard m'envier les plus riches; et plus je dépouillais ce nombreux personnel d'échantillons que M. Emeric avait mis à ma disposition, et plus j'étais à même d'apprécier la pénurie de nos collections scientifiques nationales ou privées, en fait du genre de fossiles qui fait le sujet du présent travail. En suivant le mode de détermination spécifique adopté pour cette branche de l'oryctologie par les savants de profession, j'avais entre les mains de quoi créer plus de trois cents espèces des plus curieuses et du caractère le plus tranché. Mais loin de me livrer sur ce point à l'entraînement de la mode, et de m'occuper de créations nominales et de déterminations spécifiques, la tendance de mes études vers la généralisation me fit entrevoir, du premier coup d'œil, qu'avec une telle masse de matériaux il me serait facile de poser au moins des jalons pour préparer la solution du problème qui a pour but la recherche, de la nature et de l'origine de ces corps. Je ne m'étais pas trompé; et ce fut encore là une occasion de donner au monde savant un nouvel exemple du principe qui, depuis six ans, m'avait déjà mené à tant de découvertes, à savoir, qu'une étude superficielle multiplie les créations nominales et le nombre des espèces, et qu'une étude approfondie les réduit en convergeant vers l'unité.

Je ne pense pas que jusqu'alors l'étude de cette classe de fossiles ait été poursuivie avec autant de persévérance; et ce que je puis assurer, c'est que jusqu'à ce moment le nombre d'échantillons de bélemnites épars çà et là dans les collections publiques et privées de toute l'Europe n'aurait pas formé la centième partie des échantillons qui composaient l'envoi de M. Emeric. Aussi les différences et les ressemblances, ces deux grands *criterium* de l'analogie, me sautaient aux yeux à chaque inspection que je faisais de ma collection alpine. J'avais amplement d'individus fossiles à sacrifier, sans m'appauvrir, à mes dissections par la scie, la meule et le marteau et à mes essais d'analyse chimique. A la suite de ces moyens d'observation et de contrôle, j'arrivai de proche en proche à asseoir des formules bien voisines de l'évidence, sur les ruines de tous les systèmes qu'on avait jusqu'alors si péniblement échafaudés, les uns aux dépens des autres ; et c'est le fruit de ce travail, poursuivi pendant près d'un an, que je publiai, en 1829, dans les *Annales des sciences d'observation* (tom. I, pag. 271), *Annales* que nous venions de fonder, Saigey et moi.

22. Là je crois avoir démontré combien il était contradictoire dans les termes d'admettre la moindre analogie entre une *bélemnite* et la coquille concamérée d'un mollusque (18) ; car autrement il aurait fallu admettre que certaines de ces prétendues coquilles n'auraient jamais possédé d'animal, puisqu'elles n'offraient pas trace d'alvéole où il eût jamais logé. Quant à leur assimilation avec l'os de seiche (19), cela ne pouvait se réfuter, et encore en haussant les épaules, qu'en plaçant côte à côte un *os de seiche* et une *bélemnite*, même fendue par le milieu dans le sens de son axe.

23. Mais tout, dans la structure, l'aspect, les contours, les déformations et la coloration de ces singuliers fossiles, tout tendait à établir que ce n'étaient que des bâtons appendiculaires, non d'oursins, mais d'un animal mou qu'il s'agissait de déterminer par des recherches ultérieures.

24. Cet animal était un animal marin ; car on ne rencontre jamais les *bélemnites* que dans les terrains formés par les sédiments de la mer ; d'un autre côté, la surface des *bélemnites* est souvent guillochée de parasites toujours exclusivement marins, de *vermets* et de *balanes*, etc.

25. Quant à l'*alvéole* (14) dont certains échantillons de bélemnites étaient munis, c'était là, à nos yeux, un accident de parasitisme et j'aurais pu dire alors de structure, qui n'infirmait en rien notre supposition.

26. Aussi la méthode de classification de ces singuliers

corps fossiles nous était clairement indiquée comme par les gisements dans lesquels nos divers groupes avaient été surpris. Ces divers groupes étaient chacun la dépouille d'un animal mou ; ils en représentaient, pour ainsi dire, les soies, les appendices cutanés, la toison enfin *(vellus)*.

Je les réunis donc, par leurs caractères d'aspect, de forme et de gisement, en tout autant de groupes, que je désignai sous le nom de *vellera* (toisons). Quant aux échantillons divers dont se composait chaque groupe ou toison, je pris ceux qui se distinguaient le mieux par des différences saillantes et caractéristiques, pour jalonner en quelque sorte le passage d'une forme à une autre, au moyen d'individus que je décrivis et que je figurai, l'un, comme spécimen, en couleur, et ses congénères au simple trait. Les trois grandes planches qui accompagnent ce mémoire, inséré dans les *Annales* (21) renferment 102 figures de ces espèces servant de jalons ; j'aurais pu en fournir six fois autant en figurant les intermédiaires. Plus tard (tom. II, pag. 65 des mêmes *Annales des sciences d'observation*), je publiai un nouveau groupe appartenant aux montagnes des Vosges ; et enfin dans le 3ᵉ *volume*, pag. 86, je repris en sous-œuvre le groupe des *bélemnites polygonales*, et je joignis à ce mémoire une planche d'analyse renfermant dix-neuf des formes les plus saillantes de ce groupe-là.

A cette époque de grande lutte, où nous nous prenions corps à corps avec toutes les théories passées si mal assises, et où nos veilles commençaient à troubler le sommeil et les fiertés académiques, l'apparition d'un pareil travail ne pouvait manquer d'émouvoir le mauvais vouloir et la bile des 72 vieux membres du conclave croyant encore plus que savant. Là on ne pouvait s'imaginer qu'un homme de rien eût entre les mains des matériaux aussi nombreux, pendant que, dans les collections que l'État mettait à la disposition de ces riches savants, la pénurie de ces sortes de fossiles était si grande qu'à peine eût-on pu, dans le Muséum de Paris, rencontrer, et cela en quelque coin ignoré, un ou deux échantillons indéterminés de ce genre.

Le moindre doute n'était pas permis sur l'exactitude de nos figures; cependant on se hasarda à nous dépêcher le professeur de minéralogie Cordier, non pour rendre hommage à la nouveauté du fait, s'il était vérifié, mais, il faut bien le dire, pour savoir comment on s'y prendrait afin d'en infirmer la portée, ou au besoin d'en amener une partie à l'honneur du monde académicien. Cordier ne s'attendait pas à ce que la vérité fût si grande; la confrontation dépassait son attente. Il n'y avait donc moyen ni d'atténuer la portée du fait ni d'en détourner le profit; on se tut tout d'abord, et le travail ne fut accueilli d'aucune tempête; on se recueillait.

27. Ce ne fut que plus tard qu'on prit une décision dans le but de faire passer cette nouvelle veine de classification dans le giron de l'enseignement universitaire, sinon l'idée, du moins les richesses spécifiques de ce genre que les Alpes, les Cévennes et les Vosges renfermaient dans leurs gisements jusqu'alors ignorés. On envoya dans les Alpes un écolier, le premier qui se trouva sous la main et qui eût un protecteur dans les bureaux du ministère, avec la mission officielle de ramasser tout ce qu'il rencontrerait dans les parages que notre travail indiquait, pour en rédiger un travail en dernier ressort qui infirmât et réduisît à néant le nôtre, en donnant, à chaque chose que nous avions nommée hérétiquement, un nom orthodoxe et émané de l'inspiration du Saint-Esprit. Cette mission pieuse coûta fort cher au ministère; car bien avant l'arrivée du Lévite de l'Académie, et dès la première apparition de notre travail, les savants anglais, russes et surtout prussiens étaient accourus sur les lieux, notre mémoire à la main, et avaient déjà épuisé, à force de ramasser et d'emballer, les richesses locales; et puis les malins monta-

gnards, à qui rien n'échappe de ce qui rapporte profit, avaient eu soin de tout recueillir en fait d'échantillons, d'enlever même les formes les plus communes, d'écrèmer la place, en un mot, afin de pouvoir dicter les prix, dont la plupart montèrent assez haut. Quoi qu'il en soit, et le budget aidant, notre petit jeune homme revint du voyage fier comme un préfet en tournée; et son rapport quelconque fut accueilli par les cinq académies avec acclamation; chacune d'elles l'avait doté à sa manière. Il était enfin permis de citer dans les cours, et de classer les échantillons catholiquement dans les cases des collections publiques; Dieu en soit béni!

28. Quant à nous, nous avions laissé la question à ces termes dans notre première publication :

A. Les bélemnites sont des batons, des poils gigantesques d'un animal mou qu'il reste a déterminer.

B. Ces poils étaient cornés et même cartilagineux, pouvant servir de pature et a des parasites, notamment a des vers que je nommai spirozoïtes, et a des animaux supérieurs dont certains échantillons de nos fossiles portaient les traces de morsure.

C. Par la fossilisation, ces poils s'étaient imprégnés de calcaire ou de silice; ils s'étaient pétrifiés.

D. L'alvéolite dont certains échantillons de bélemnites étaient munis n'était a nos yeux qu'un accident d'organisation ou de parasitisme, dont il restait a nous occuper ultérieurement, et qu'il fallait ranger parmi les *desiderata* si nombreux encore dans la science.

Et les choses en sont restées là depuis trente ans; sans que ni personne ni moi ayons placé un jalon de plus sur cette voie d'observation ouverte à tout le monde.

§ 5. BÉLEMNITES FOSSILES RETROUVÉES ENFIN A L'ÉTAT VIVANT.

29. La bonne fortune, après laquelle je ne courais plus depuis longtemps, m'arriva, comme d'elle-même, à la suite d'un petit séjour que j'ai fait, du 6 au 29 septembre dernier, à Heyst (*), au-dessus de Blankenbergh, près des côtes de Hollande. Les bords de la mer sont inépuisables en sujets d'étude et de réflexions, même pour ceux qui y établiraient à demeure le but de leurs observations. L'étude des innombrables trésors que la mer recèle en son sein a pour délassement la vue de l'immensité; et chaque vague, chaque coup de vent y apporte à vos pieds un nouveau problème à résoudre.

La présence des deux plantes *Eryngium maritimum* et *Crambe maritima,* dont la dernière pousse jusque sur les estacades deux fois par jour couvertes par la haute marée, inspire déjà au physiologiste de ces sortes d'analogies qui portent l'imagination d'un bout de l'échelle à l'autre de nos connaissances. Mais c'est l'étude des graminacées, dont les graines se sont aventurées sur ces sables imprégnés de sel marin, qui fournit les plus curieux exemples de métamorphoses; car leur type dégénéré se soutient dans ces parages avec une constance qui semblerait constituer tout autant de genres nouveaux les mieux caractérisés, aux yeux des partisans des anciennes méthodes d'observation ou plutôt de collections botaniques. Là la tige des plus

(*) Heyst est un petit village de pêcheurs où il vient de s'établir un pavillon pour les bains de mer, à meilleur marché qu'à Blankenbergh, comme, il n'y a que quelques années, il s'en était établi un à Blankenbergh, à meilleur marché qu'à Ostende. Je voulais juger par mes propres yeux des conditions relatives de la localité, afin d'en faire part à ceux de mes malades qui visent à l'économie, et pour cause.

grêles graminacées prend la roideur de port, la souplesse et la carnosité verdâtre des joncacées; et les bractées des panicules et des épis, en s'agatisant, pour ainsi dire, modifient tellement leurs formes habituelles et revêtent, si jeunes qu'elles soient, une telle couleur de paille sèche et vernie de silice, qu'on ne saurait souvent plus à quel genre connu les rapporter, si quelque organe en retard, n'avait conservé les traces de son origine. Le grêle *triticum caninum* (*chiendent*) acquiert des épillets si fournis et si dodus qu'on le prendrait pour le produit d'une graine aventurée de *triticum sativum* (froment); et le *triticum sativum* à son tour y prend l'aspect et le port d'un énorme *juncus* terminé par d'énormes épis de chiendent. Lorsqu'enfin une de ces graminacées ainsi nourries d'une séve salée a fini par s'écarter un peu trop du type qu'elle affectait dans nos terres d'eau douce, alors le botaniste complétement désorienté en fait un genre sous le nom de *psamma* ou *ammophila*, et en trace, comme il peut, les caractères, qu'un botaniste suivant ne retrouve plus deux fois de la même façon; car ce genre ne me paraît qu'une métamorphose ou modification maritime de nos *anthoxantum* ou de nos *sesleria* de terre.

Le rivage est, pour ainsi dire, le rendez-vous et de tout ce que le vent enlève aux récoltes, et de tout ce que la marée a dragué du fond des mers : fucus, conferves, vers et mollusques de toutes les sortes, dont les débris accumulés cachent souvent le sable qui les a entraînés, et parmi lesquels abondent, sur ces bords, de petits *crabes* qui se sauvent entre vos pieds, des *étoiles de mer* qui constellent la plage, des *méduses* ou *vellèles* appliquées contre le sol comme de larges segments d'une vessie mouillée, des *cardium edule* blanches ou bleues et zonées de bleu, des *scalaires*, des *buccinum anglicanum* où se réfugie parfois le crustacé dit *Bernard l'ermite* (*pagurus Bernhardus*), etc.; enfin, et c'est l'animal qui fixa le plus mon attention, des *aphrodita aculeata*, espèces de vers gigantesques qu'on prendrait de loin pour quelque chose d'analogue à un *oniscus* (cloporte) ou à des larves énormes du coléoptère *anthrænus*(*). L'aphrodite, ver large et oblong, est bordé d'une frange de poils qui, selon l'incidence de la lumière ou les divers mouvements de l'animal, réfléchissent un chatoiement d'or, à l'instant où vous l'aviez jugé vert, un chatoiement gorge de pigeon à l'instant où vous l'aviez vu d'or; en sorte que la désignation de la couleur vous échappe, tant ce chatoiement prend instantanément de nuances diverses. C'est la cause de ce chatoiement que je me proposais d'étudier en faisant provision de ces *aphrodita ;* mais l'étude est comme un abîme qui appelle toujours un autre abîme; car je ne m'attendais pas qu'en voulant évaluer un phénomène d'optique, j'allais me trouver sur la voie de résoudre un beau problème d'oryctologie, dont la solution avait échappé jusqu'à ce jour à mes plus longues méditations.

§ 6. DESCRIPTION SYNONYMIQUE DE L'*aphrodita aculeata* LIN., (*halithea aculeata* LAMARCK.)

30. L'*aphrodita aculeata* Lin., est un gros ver marin, large et plat presque comme une petite sole qui n'aurait que 8 à 12 centimètres de long, sur quatre centimètres dans sa plus grande largeur. Son aspect général est celui de certaines larves de coléoptères, armées de pattes à tous les anneaux et bordées de longs poils que l'eau agglutine en une nageoire latérale, continue et chatoyante, qui ferait tout le tour du corps; la surface inférieure lisse dans toute son étendue en longueur et en toute largeur, offre des rides transversales, un peu analogues à celles de la voûte palatine de l'homme, et qui sont autant de

(*) Dont la microscopique vignette du titre du présent livre représente la larve de grandeur naturelle.

marques de confuses articulations. La surface supérieure est recouverte de larges écailles rangées par paires et qui abritent des branchies rudimentaires. La peau du dos a la singulière propriété de se séparer du corps, de s'enfler en guise de vessie natatoire, ce qui permet à l'animal de remonter à la surface de l'eau. Chaque articulation est terminée de chaque côté par un ambulacre, ou organe de locomotion, hérissé de piquants rigides et chatoyants, que recouvrent de longues soies flexibles, transparentes et dorées.

Cet animal d'un aspect repoussant est rejeté en grand nombre par la marée sur le sable des côtes de la Manche. On le dit venimeux; ce ne doit pas être par le simple contact, mais par l'action de ses piquants; car j'en ai manié beaucoup d'individus sans en avoir rien éprouvé de désagréable.

31. Rondelet (*) est le premier des auteurs de la renaissance qui ait tenté de décrire et de figurer ce singulier animal qu'il qualifie de poisson, et dont il a cru reconnaître les caractères dans le *physalus* qu'Ælianus donne comme vivant dans les eaux de la mer Rouge. « Il s'enfle, dit-il, quand on le manie; si lors on le jette dans la mer, il nage au-dessus comme une vessie pleine d'air, et est venimeux....; au dos il a des petites enleveures comme verrues, desquelles sortent comme poils verts. » Rondelet a pris les bords pour le dos; et ce qu'il décrit si mal, il ne l'a pas mieux représenté sur les deux figures informes qu'il a intercalées dans son texte.

32. Les deux informes figures de Rondelet ont été reproduites et décalquées à la fin de l'ouvrage de Thomas Moufet (**), en tête de la première des quatre pages de

(*) *Histoire entière des poissons*, 1re partie, pag. 329, édit. française de 1558.

(**) *Insectorum sive minimorum animalium theatrum*. In-folio. Londini, 1634.

figures supplémentaires et sans texte, qui ont été placées là comme autant de pierres d'attente.

33. Ce ne fut que plus d'un siècle après la publication de l'ouvrage de Rondelet que le sujet fut repris de nouveau, et presque dans le même temps, par trois naturalistes observateurs, mais avec des moyens d'investigation dont Rondelet ne pouvait soupçonner la puissance : ces trois observateurs sont : 1° OLIGERIUS JACOBOEUS, qui décrivit l'animal qui nous occupe, sous le nom de *Vermis aureus seu eruca marina* (ver doré ou chenille marine), dans le 3e volume des *Acta philosophica et medica danica;*

2° Fr. Redi (*), qui en publia une description anatomique accompagnée de deux figures de l'animal, moins informes que celles de Rondelet. Redi croit reconnaître cet animal, qu'il désigne sous les noms italiens de *spinoso marino* ou *istrice marino* (hérisson de mer), dans celui que son ami *Oligerius* avait décrit sous le nom d'*eruca marina* (chenille de mer) dans les *Actes philosophiques et médicaux du Danemarck.*

3° Jean Swammerdam (**) qui n'a pu connaître le travail de Redi, puisque cet auteur hollandais est mort en 1680, quatre ans avant la publication de l'ouvrage célèbre de Redi, et dont Redi n'a pu de son côté connaître le travail, puisque l'immortel ouvrage de Swammerdam, à la suite d'une foule de vicissitudes mercantiles et contentieuses du manuscrit, n'a pu être publié, par les soins de Boerhaave, qu'en 1737. Swammerdam cite Rondelet et dit tenir d'*Oligerius Jacobæus* les échantillons qui ont servi à ses études, à ses dissections et à prendre les dessins de sa planche (tom. II, pag. 902, pl. X) ; il adopte pour désigner l'animal le nom de *physalus* que Rondelet avait emprunté à Ælian, et il le

(*) *Osservazioni intorno agli animali viventi che si trovano negli animali viventi.* In-4°. Florence, 1684.

(**) *Biblia naturæ*, 3 vol. in-fol. Leyde, 1738.

compare à un hérisson *(histricem simulat)*, se rencontrant ainsi avec Redi quant à l'expression générique.

34. On retrouve une nouvelle figure de l'*aphrodita aculeata* dans l'ouvrage de botanique de Barrelier, qui n'a paru qu'en 1714 par les soins d'Antoine de Jussieu.

Ruisch, le célèbre anatomiste, Seba et Baster se sont successivement occupés de ce sujet, sous le rapport descriptif et spécifique et sous les dénominations, soit de *scolopendre marine*, soit de *rat marin* (*zee muys*, en hollandais), soit de *chenille marine.*

35. Ce fut Linné qui en fixa définitivement la dénomination générique et spécifique, sous le nom d'*Aphrodita aculeata*. On s'étonnera sans doute de voir baptiser cet animal hideux par l'un des noms antiques de *Vénus* (ἀφροδίτη). C'est à un rapport assez éloigné qui existe, entre un accident de surface de notre animal et un des organes les plus cachés sous la ceinture de Vénus, que l'imagination toujours un peu trop anacréontique de Linné a emprunté une dénomination qui semble d'abord avoir trait à l'ensemble de la beauté physique; et c'est Rondelet qui, par une simple phrase, a donné lieu à cette lueur de débauche d'esprit que s'est permise le grand classificateur suédois : « Au-dessous, dit Rondelet, il est ridé et fendu comme la nature d'une femme ; » et voilà toute l'histoire (*).

36. Le travail sur les *aphrodites*, le plus remarquable sous le rapport anatomique et monographique, est certainement le mémoire que P. S. Pallas a publié, en 1766, dans ses *Miscellanea zoologica* (**), pag. 72 et 112, mémoire

(*) Lamarck ayant cru devoir, sur les traces de Savigny, ériger ce genre en famille sous le nom d'*aphrodites*, a érigé notre espèce en genre sous le nom d'*halithea* (deesse de la mer); vraiment les nomenclateurs ont un peu trop la manie de faire les dieux et les déesses à l'image des vermines.

(**) *P. S. Pallas med. doctoris miscellanea zoologica*: in-4° de XII-224 pag. avec 14 planch. La Haye, 1766.

accompagné de deux belles planches d'analyse. Pallas a poussé l'étude anatomique de ce genre beaucoup plus loin que Redi et Swammerdam ; il en a déterminé les espèces avec soin; et son travail a été si peu modifié par les observations subséquentes, que Lamarck s'est contenté, dans la partie de l'ENCYCLOPÉDIE MÉTHODIQUE qui a été confiée à sa rédaction (*Mollusques et Testacés*), de décalquer exactement les figures des deux planches VII et VIII de Pallas, sur ses planches 60 et 61, et de traduire le texte de Pallas dans son propre texte. Pallas s'était livré à l'étude de ces vers marins, sur les mêmes parages que nous, pendant un séjour de trois ans qu'il fit dans la réunion des provinces qu'on appelait alors *Belgium*, et qui comprenait les Flandres, le double Brabant et la Hollande.

37. L'*aphrodita aculeata* (chenille ou hérisson de mer) habite également la Manche, la Baltique et la Méditerranée ; elle se prend dans les filets, mêlée aux soles, carrelets et turbots. Les autres espèces vivent dans les mers des Indes, de l'Afrique, à Amboyne, au cap de Bonne-Espérance et même dans les mers américaines. La nôtre prend les noms de *zee-muys* sur les côtes flamandes et hollandaises, de *see-mouse* (rat de mer) en Angleterre, de *güld-muus* (rat doré) en Norwége.

38. Ce qui va nous occuper le plus dans l'étude des *aphrodites*, c'est, sans aucun doute, ce qui a occupé le moins Swammerdam et Pallas; c'est l'étude de la structure intime des poils et aiguillons qui bordent le corps de l'animal, étude qui va nous révéler une analogie des plus heureuses, mais que la direction exclusivement anatomique de leurs recherches ne permettait pas à ces deux auteurs d'entrevoir.

§ 7. ÉTUDE DES PIQUANTS QUI HÉRISSENT LATÉRALEMENT LE CORPS DE L'*aphrodita aculeata*.

39. Le corps de l'*aphrodita aculeata* (chenille marine) est muni de chaque côté d'environ quarante ambulacres ou organes papillaires de locomotion, analogues aux pieds de certaines larves terrestres. Mais chacun de ces prolongements est hérissé de 10 à 12 piquants contenus comme dans une gaîne générale, et chacun d'eux dans une gaîne particulière rétractile et qui leur permet de rentrer en grande partie dans le corps ou de faire saillie au dehors. Ce sont des piquants cornés, durs proportionnellement comme les piquants de porc-épic, lisses, de couleurs chatoyantes entre le violet foncé, le bleu et le jaune, et qui affectent les formes générales, l'aspect et la coloration que nos fig. 2, 3, 4 et 5 représentent, vus à divers grossissements. Les plus petits atteignent à peine un millimètre; on les trouve dans le voisinage de la bouche et de l'anus. Les plus longs atteignent 12-15 millimètres de long; on les trouve vers le milieu du corps. Car la longueur de ces poils croît progressivement du voisinage de la bouche jusqu'au milieu du corps, et de là décroît jusqu'au voisinage de la queue, en même temps que les prolongements pédiformes qui les supportent. L'ensemble de ces appareils ambulatoires ou plutôt natatoires est recouvert d'une large frange de longs poils flexibles, grêles, dorés et transparents. Ces soies sont à l'œil nu encore plus longues que le plus long des piquants que représente la fig. 1.; et elles sont, au piquant de l'aphrodite, ce que le *duvet* est au *jarre*, dans la toison des quadrupèdes. Or c'est du jeu de leurs reflets qu'émanent les variations de coloration protéiforme qui feraient croire à l'existence de tout autant d'espèces que l'on verrait l'animal recouvrir ses piquants de son duvet ou ramasser ses touffes de duvet

entre chaque touffe de piquants, ou bien selon que l'animal réfléchirait, dans l'un ou l'autre de ces deux états, les rayons du soleil à sec ou recouvert d'une couche d'eau. Enfin quand ces poils et piquants s'intercalent les uns entre les autres, en sorte que les piquants et les poils alternent entre eux, tout cet appareil forme alors, au soleil, comme par l'effet du parallélisme de stries tracées sur une surface réfractrice, des irisations de toutes sortes de nuances, phénomène que les physiciens partisans de la théorie des ondulations désignent sous le nom d'*interférences*. Selon la variation de ces circonstances, l'aphrodite change, sur ses flancs, de couleur et d'irisations, aussi vite que le caméléon même, en sorte qu'il paraît doré à un moment, puis vert à l'autre, et gorge de pigeon quelques instants après, etc.

40. Les plus longs de ces piquants, ceux qui atteignent onze à douze millimètres, n'ont à la base que le tiers d'un millimètre; mais la base est plus large proportionnellement chez les plus courts.

41. Quoique, d'après tous les principes que nous avons établis depuis longtemps, un poil quelconque ne soit que le développement papillaire d'une extrémité nerveuse, cependant la base (*b*, fig. 2, 3, 4 et 5) de ces piquants se détache carrément et comme si on l'avait tranchée au canif. Il n'en est pas de même de la peau épidermique qui lui sert de gaîne: le piquant qu'on arrache en emporte toujours un fragment plus ou moins volumineux, et ce fragment adhère au piquant juste au milieu de sa longueur (*a*, fig. 3, 4, 5); en sorte qu'on s'assure ainsi que le piquant, quoique sa structure se continue sans interruption de la base (*b*) au sommet (*d*), a une moitié de sa longueur (*a d*) hors du corps et l'autre moitié (*e*) plongée dans le derme de l'animal même.

42. Une des circonstances qu'il importe le plus à l'analogie de signaler, c'est l'existence, sur toute la portion

(*a*, *b*) implantée dans le derme, de stries circulaires et transversales, tout autant d'indices de diaphragmes ou cloisons, qui divisent cette portion en tout autant de concamérations superposées (18). La figure 5 a été suffisamment grossie pour que ces concamérations se dessinent exactement par transparence à l'œil de l'observateur.

43. En outre, et en se desséchant, la plupart de ces piquants (fig. 4) offrent (de *b* en *a*) un pli ou sillon longitudinal, et en (*b'*) un renflement comme articulaire, une espèce de nodosité.

44. La structure cloisonnée et concamérée qui se montre avec une si grande évidence sur la moitié inférieure (42) du piquant, moitié qui peut être considérée en quelque sorte comme le bulbe plus développé que d'habitude de ce poil si rigide, cette structure n'est pas spéciale à ce genre d'organes appendiculaires; toute pilosité animale offre la même organisation, quand ses dimensions se prêtent à la portée de notre vue ou de nos grossissements lenticulaires. C'est dans le tuyau de plume d'un oiseau quelconque (la plume, nous l'avons assez établi est l'analogue du poil, du piquant, du cheveu, etc.), qu'il est le plus facile de se faire une idée exacte de ce genre de concamérations. Soit en effet une des plumes rémiges de l'aile d'un petit pinson, plume que la figure 7 représente vue à la loupe avec sa penne tronquée; il est facile de distinguer par réfraction, comme par réflection même, dans toute la longueur du tuyau (*e*), le profil de diaphragmes (*ffff*) qui se succèdent parallèlement et transversalement de l'une à l'autre des extrémités du tube.

45. Si nous fendons longitudinalement le tuyau de plume, avec assez de précaution pour ne pas trop intéresser cet appareil de concamérations (15), nous nous assurerons d'abord que cet appareil, qui commence carrément, à l'insertion du *tuyau* sur le bulbe, finit en cône, comme la cavité du tube elle-même, à la hauteur où

commence le sillon longitudinal et extérieur de la *penne*. La figure 10 représente la portion supérieure de cet appareil, mis à découvert par l'ablation d'une moitié longitudinale de la paroi du *tuyau*. Cet ensemble de concamérations est ce que l'on appelle vulgairement la *moelle* du tuyau de plume. C'est un long tube transparent, finissant en cône au sommet, et divisé en tout autant de concamérations, par des diaphragmes (*f f f f f*) dont la concavité est tournée du côté de la base, et qui sont reliés entre eux par un canal (*g g g g g*), qui se continue en apparence à travers cette file de diaphragmes depuis la base jusqu'au sommet. La fig. 8 représente isolément un de ces diaphragmes (*f*) dans sa position renversée, et muni de la portion du canal (*g*) qui le relie par son sommet à la concavité du diaphragme suivant; on distingue, dans le fond de sa concavité, le point d'adhérence de la portion du canal qui lui venait du sommet du diaphragme précédent. Lorsqu'on soumet à l'action d'une assez haute température, par exemple à celle de la cendre chaude, le tuyau de la plume d'un oiseau quelconque, cet appareil cloisonné se détache sur toute sa longueur, des parois du tuyau de plume, et vient, en se ratatinant, se pelotonner vers la base du tuyau à laquelle il reste adhérent; ce n'est plus alors qu'une membrane pelliculeuse, transparente et chiffonnée. On peut cependant en retrouver encore l'organisation, telle que nous venons de la décrire, en laissant cette pellicule vésiculeuse s'imbiber et s'étirer d'elle-même dans l'eau ou dans l'huile. La distance réciproque entre les diaphragmes (*f f f f f*), c'est-à-dire la hauteur des concamérations, varie selon le volume de la plume et selon les espèces de volatiles d'où elle provient.

N'est-ce pas que si le tuyau de plume venait à se fossiliser, dès lors par sa forme conique, ses concamérations, son siphon central, il serait pris, et l'on n'aurait pas tort, pour l'*alvéolite* (fig. 9) qui se détache de certaines bélemnites, comme cette moelle fossilisée se détacherait de son tuyau de plume?

46. L'analogie de structure indique donc que l'appareil de ces cloisonnements transversaux que l'on remarque sur la moitié inférieure du piquant des *aphrodites* doit se terminer en (*a*) fig. 4 et 5; car c'est là que se termine la portion sous-dermique du piquant portion analogue au tuyau de la plume des volatiles.

47. La consistance intime des piquants des aphrodites est tellement compacte et cornée, qu'il n'est pas d'aiguille d'acier qui offre autant de résistance que ces petites aiguilles naturelles de corne. Les réactifs les plus désorganisateurs les attaquent aussi peu que si ces piquants étaient incrustés de silice; j'en ai laissé séjourner, à l'air ou dans des bocaux fermés, avec les acides concentrés, soit sulfurique, soit nitrique, soit hydrochlorique et dans les alcalis concentrés, tels que l'ammoniaque et la potasse; et au bout d'un mois de séjour, ces piquants ne paraissaient pas avoir éprouvé la moindre altération dans leur forme et leur consistance; leur couleur seule semblait ternir quelquefois, par suite du dépôt de tout ce que ces réactifs peuvent précipiter, de leur substance ou des substances qu'ils tiennent en dissolution, sur la surface de ces aiguilles.

48. Lorsqu'on soumet ces petits corps à l'ébullition dans les acides, ainsi que je l'ai fait au moyen d'un verre de montre chauffé par la flamme d'une lampe à alcool, au bout de quelques instants le poil se contourne, et puis éclate, se fend au sommet et s'ouvre en deux battants, par une suture longitudinale, comme le fait une gousse de genêt par un coup de soleil; et ce n'est qu'à la longue que, sous l'influence combinée de l'action des acides et de celle de la chaleur, la substance du piquant s'avachit, se boursoufle et se pelotonne en grumeaux qui offrent alors la transparence et la couleur d'or des poils soyeux de la

frange latérale dont nous avons parlé plus haut (39).

49. Il suit de là que ces piquants enfouis sous une couche géologique, résisteraient d'une manière indéfinie à la décomposition et ne sauraient se prêter qu'à une lente et progressive fossilisation.

§ 8. LES BÉLEMNITES SONT DONC LES PIQUANTS FOSSILISÉS DES APHRODITES.

50. Nous voici arrivé à la dernière partie de la démonstration, à celle qui n'est plus que le résumé et l'application de toutes les considérations précédemment développées.

51. Que l'on trouve dans la terre le piquant représenté par la fig. 2 de la planche de ce mémoire, si petit qu'il soit, mais pour peu qu'on l'examine à une simple loupe, on ne saura y voir qu'un échantillon spécifique de la bélemnite la mieux caractérisée, et par son sommet, et par sa forme, et par son *alvéolite* qui ressort en (*b*). Quant à la coloration, on en retrouvera les nuances parfaitement conservées, sur les échantillons fossiles des bélemnites des Alpes, que représentent les figures 35, 38, 76, 85, 88, 89, 90 des trois planches jointes à notre *mémoire sur les bélemnites*, qui a été publié en 1829, dans le tom. I des *Annales des sciences d'observation*, pag. 271 et suiv.; car la fossilisation en certains gisements n'altère en rien la coloration des corps organisés.

52. Le moule de l'*alvéolite* (14) ressort, sur la figure 88 de notre mémoire de 1829, comme on le voit ressortir en (*b*) sur les figures 2 et 3 de la planche jointe au présent mémoire. Mais ce qui démontre le mieux que l'*alvéolite* est une partie intégrante de la *bélemnite*, c'est qu'elle change de forme avec celle de la bélemnite elle-même; conique dans les *bélemnites* aiguës, en massue dans les *bélemnites* en massue, etc. (Voyez un exemple de cette dernière

particularité, sur la fig. 2 de la pl. IV *f* du supplément de Knorr (*Recueil de pétrifications*.)

53. Il n'est pas jusqu'aux traces de l'épiderme de l'aphrodite (41), adhérentes en (*a*) aux échantillons représentés par les figures 3, 4 et 5 du présent mémoire, qu'on ne rencontre pétrifiées et adhérentes à certains échantillons des bélemnites que l'on récolte dans les montagnes des Alpes et ailleurs. La fig. 69 de notre travail de 1829, représente, au simple trait, un tronçon de bélemnite muni d'un pareil appendice qui en était inséparable; et, dans notre collection, nous avions des individus sur lesquels ces restes fossilisés d'épiderme affectaient de la manière la plus piquante les caractères granulés d'une membrane animale.

54. Les bélemnites fossiles ont été, comme les piquants des aphrodites (47), des corps appendiculaires cornés et cartilagineux, et passant, de la base au sommet, de la consistance cartilagineuse à la consistance cornée, par des gradations inappréciables; car les échantillons de bélemnites qui ont servi aux figures 27, 28 et 29 de notre mémoire de 1829 portent des traces de coups de dent, qui leur ont fait subir des flexions et des torsions, dont les corps cartilagineux sont seuls susceptibles.

55. Que l'affaissement du sol vienne à casser l'un de ces piquants d'*aphrodite* à la sortie du corps, et en (*a*), fig. 4 et 5 du présent mémoire) qui est le point de séparation des deux portions, l'une externe et l'autre interne, du piquant, et dès ce moment la partie extérieure de la longueur totale du piquant sera, aux yeux de l'observateur, une bélemnite entière mais privée d'alvéole; et la partie inférieure de la même longueur du piquant sera un tronçon de bélemnite avec l'alvéole à l'une de ses extrémités. Or, l'on rencontre par milliers de pareils tronçons mêlés aux bélemnites à sommet intègre.

56. Il y a plus, c'est que cette séparation entre la por-

tion interne et l'externe du piquant peut quelquefois s'opérer, par les chances du hasard, sur l'animal lui-même vivant, comme par suite de sa décomposition et de sa fossilisation; la différence de consistance entre les deux portions d'un même piquant, l'une attendrie par son enfoncement constant dans les chairs, et l'autre par son exposition constante à la lumière, cette différence est souvent si grande et si tranchée qu'au moindre choc l'une peut se séparer de l'autre à la ligne commune de démarcation; en sorte qu'alors la portion externe sera une bélemnite n'offrant aucune trace d'*alvéole* à sa base, ou tout au plus l'empreinte du sommet de l'*alvéolite*, et la portion interne et inférieure sera un tronçon avec *alvéole* ou *alvéolite* (14), simulant quelquefois une bélemnite complète, si la base du tube se plisse de manière à imiter la pointe et le sommet. L'échantillon représenté par la figure 89 de notre mémoire de 1829 (21) reproduit un curieux exemple d'un phénomène de ce genre.

57. Ne perdons jamais de vue que, dans la nature, et avant toute espèce de cassure, l'*alvéolite* conique est conique par les deux bouts, exactement comme l'est la moelle alvéoloïde du tuyau de plume (44), qu'ainsi, lorsque le piquant casse par la ligne de démarcation qui sépare et unit la portion externe avec la portion interne, les deux tronçons doivent offrir chacun une *alvéolite* conique avec une base presque égale.

58. Nous venons donc de retrouver, dans les piquants locomoteurs de l'*Aphrodita aculeata* Lin. (*halithea aculeata* Lam.), tous les caractères de coloration, de forme et de structure qui distinguent les bélemnites de tous les autres fossiles : rien n'y manque, pas même le sillon latéral qui est ou bien le produit du plissement, comme la dessiccation l'a opéré en (*c*) sur l'échantillon représenté par la figure 4 de la planche du présent mémoire, ou bien l'empreinte de la ligne d'attache des muscles chargés d'impri-

mer le mouvement abducteur à chacun de ces piquants.

59. Ce qui s'opposera peut-être, auprès de certains esprits trop esclaves des rapports de grandeur, d'accepter l'assimilation complète des BÉLEMNITES et des PIQUANTS D'APHRODITE, c'est la distance énorme qui existe entre la longueur de ces piquants et celle des BÉLEMNITES, que l'on voit atteindre de 15 à 20 centimètres de long. Mais la différence dans les proportions n'a jamais constitué un caractère spécifique qui, à lui seul, puisse contre-balancer tous les autres; et, quant au sujet spécial qui nous occupe, personne ne songera jamais à ne pas voir une bélemnite dans l'échantillon représenté par la fig. 15 de la pl. 2e du 3e volume des *Annales des Sciences d'observation*, et décrit pag. 88 de ce volume, parce que cet échantillon n'a que 2 centimètres de long, et que les plus grands échantillons figurés, sur les trois planches du 1er volume des mêmes *Annales* (21), atteignent jusqu'à 10 et 12 centimètres, c'est-à-dire cinq à six fois la longueur de ces petits individus.

60. Il est facile de démontrer par le calcul que ces piquants qui, chez les aphrodites de nos parages ou de notre constitution géologique actuelle, ne dépassent pas 2 centimètres dans leur plus grande longueur, pourraient bien, sur les espèces des hautes mers, atteindre les proportions gigantesques des piquants fossiles que nous désignons sous le nom de BÉLEMNITES; ou bien, par hypothèse, ce qui est l'âme des déterminations oryctologiques, que lors de la grande révolution du globe d'où émane notre constitution géologique actuelle, c'est-à-dire avant le cataclysme universel d'où découle la constitution actuelle de la croûte de notre globe, il existait des espèces d'APHRODITES bien plus grandes que celles que la mer rejette aujourd'hui sur nos dunes ou dans nos filets. L'individu d'*Aphrodita aculeata* d'où nous avons tiré nos piquants avait tout au plus 8 centimètres de long. Pallas (36) a eu sous les yeux des individus qui atteignaient 4 à 5 pouces (de 11 à 14 cen-

timètres environ) ; Basterus en a rencontré de 7 pouces (19 centimètres environ). Il nous est bien permis de supposer que, soit à l'époque de la constitution antédiluvienne, époque où les existences prenaient de si énormes proportions, ou bien dans les hautes mers, où l'ampleur et l'abondance du milieu permettent aux animaux de se développer sur une plus grande échelle, les *Aphrodita aculeata* aient pu atteindre en longueur jusqu'à 12 pouces (32 centimètres et demi) de longueur. Dans ce dernier cas, et par suite de l'équation suivante :

$$8 \text{ centim.} : 2 \text{ centim.} :: 32 : x \ \textit{ou} \ x = \frac{2 \times 32}{8} = 8,$$

il s'ensuivrait que les piquants, qui atteignent 2 centim. de long chez une aphrodite longue de 8 centimètres, atteindraient jusqu'à 8 centimètres de long, chez une aphrodite longue de 32 centimètres ; et, dès lors, rien ne manquerait plus au PIQUANT de nos *aphrodites* pour être une BÉLEMNITE d'assez belle taille.

Car enfin on ne saurait nier que les parties diverses d'un animal, si accessoires et appendiculaires qu'elles soient, se développent proportionnellement au développement général de l'animal lui-même ; ainsi, par exemple, les nageoires des poissons sont d'autant plus développées que l'animal a plus grandi.

61. Je dois attendre que ceux qui auront occasion de soumettre au même genre d'investigations les autres espèces d'*aphrodites* ou de vers marins d'une organisation voisine, ajouteront en grand nombre de nouvelles preuves en faveur de notre démonstration, et que tôt ou tard on retrouvera les analogues de tous les groupes ou toisons (*vellera*) que nous avons décrits dans le mémoire et ses diverses additions, sur les *bélemnites*, qu'ont reproduit les *Annales des sciences* d'observation en 1829. Car parmi les piquants de nos individus d'*aphrodita aculeata* que nous

avons rapportés d'Heyst, nous avons retrouvé un petit appendice qui rappelle, par tous ses contours, en dépit de sa petitesse, les curieuses formes du groupe des *bélemnites pétalopsides* de notre mémoire ci-dessus cité, et spécialement l'échantillon qui nous a servi à former l'espèce de bélemnite que nous avons dédiée à M. Emeric, sous le nom de *bélemnites Emericii* (pag. 303 et figure 1re de la planche 6 du 1er volume des *Annales*) (21). La figure 6 de la planche de notre mémoire actuel représente ce petit appendice, curieux échantillon d'analogie. Au reste il est encore possible que nos BÉLEMNITES PÉTALOPSIDES soient des analogues fossilisés des appendices élégants qui bordent le corps de certaines *doris* (voir la pl. 82 des *Mollusques* de *l'Encyclopédie méthodique*, par Lamarck).

§ 9. APPLICATIONS DE TOUTES CES CONSIDÉRATIONS ANALYTIQUES AUX RECHERCHES ORYCTOLOGIQUES QUI AURONT POUR OBJET LES BÉLEMNITES.

62. Je dois rappeler ici que chacun des groupes *(vellera)* de BÉLEMNITES que j'ai formés, dans mon travail des *Annales des sciences d'observation* (25), affecte un gisement particulier, et que les échantillons qui ont les caractères de ce groupe sont rarement mêlés avec ceux qui affectent les caractères d'un autre groupe. A la même place, vous rencontrerez des milliers d'échantillons du même groupe, et pas un seul souvent du groupe le plus voisin ; ce qui dénote évidemment que ces échantillons sont la dépouille, la toison du même animal, dont la fossilisation a tout décomposé, excepté ses appendicules cornés et locomoteurs. Mais maintenant qu'on sera guidé par les analogies que nous venons d'indiquer, entre les *bélemnites* et les *piquants* des *aphrodites*, voici ce qu'on arrivera certainement à observer dans les recherches d'oryctologie, en prenant les pré-

cautions que la nature de ces fouilles indiquera elle-même.

63. Qu'avant de creuser, piocher et bouleverser, et à la première apparition d'échantillons de bélemnites fossiles, on se représente les contours de l'*aphrodita aculeata* ou de toute autre espèce d'aphrodite, et qu'on trace ces contours sur le sol ; si, à l'instant de son enfouissement, l'aphrodite s'est trouvée dans la position horizontale et cela dans le sens de sa longueur et de sa largeur, on retrouvera les bélemnites rangées autour d'un ovale plus obtus d'un côté que de l'autre, et disposées en faisceaux divergents tout autour de l'ovale, au nombre de 80 à 90 faisceaux et peut-être davantage, c'est-à-dire, 40 à 45 de chaque côté et opposés, chacun à chacun, base à base.

64. Si l'aphrodite a été surprise dans la position verticale, et que la verticale passe par ses deux flancs, c'est-à-dire, son petit diamètre, on retrouvera d'abord une ligne convexe de faisceaux équidistants et ayant tous leur base tournée vers le *nadir*, et à une certaine profondeur au-dessous, on retrouvera une courbe opposée dont les faisceaux de piquants auront leur base tournée vers le zénith.

65. Si la verticale de position de l'animal se confond avec la ligne longitudinale du corps, avec le grand diamètre de l'ovale, chaque coup de pioche mettra à nu une paire de faisceaux divergents de *bélemnites*, faisceaux opposés base à base, à une distance déterminée par la largeur du corps de l'*aphrodite*, faisceaux opposés par leur base et d'autant plus rapprochés qu'ils seront plus près de la place de la bouche et de la queue, et se suivant à intervalles d'autant plus grands que ces faisceaux seront plus près de la ligne de la plus grande largeur du corps. Toutes ces paires seront superposées selon la courbe qui dessinait l'un et l'autre flanc de l'animal.

66. Pour que ces rapports disparaissent, et que le

chaos des mélanges remplace la régularité de ces rapports de position, il faudra que ces *piquants* aient appartenu à un animal décomposé et déjà mis en lambeaux avant que l'enfouissement géologique l'ait surpris. Dans ce cas le poids de la vase aura fait de ce corps mort un paquet informe, une bouillie entrelardée de piquants, que l'on retrouvera dans toutes les positions possibles émanées du désordre le plus complet.

67. La coloration naturelle de ces *piquants* se conservera, s'altérera, disparaîtra tout à fait ou changera du tout au tout, selon que le gisement sera neutre comme le sont les couches argileuses, ou corrosif comme est la craie, ou ferrugineux et riche également en manganèse.

68. Quant à la fossilisation, c'est-à-dire à la permutation des bases de leurs tissus organisés, ces piquants deviendront pyriteux, calcaires ou siliceux, selon la nature géologique de chaque gisement et selon les courants voltaïques auxquels donnera lieu la disposition des divers éléments qui rentrent dans l'agrégation moléculaire du terrain.

69. Mes souvenirs concordent avec toutes ces prévisions; car toutes les personnes qui, depuis 1829, c'est-à-dire depuis que j'ai soutenu que les bélemnites appartenaient à la toison d'un animal mou à déterminer, se sont mises à observer, sur les lieux, la disposition de ces fossiles, ont eu de fréquentes occasions de remarquer qu'on les trouvait rangés par faisceaux, autour d'une courbe qu'il aurait été facile de décalquer.

70. Quant aux autres pièces de l'animal mou, de l'*aphrodita aculeata*, par exemple, il est certain que, guidés par cette indication, on en retrouvera au moins un certain nombre dont la fossilisation n'aura pas trop dénaturé les caractères; et sans aller sur les lieux, je puis déjà citer des échantillons figurés par les géologues qui viennent à l'appui de mes prévisions. Sur la planche II, l'une de celles

qu'il a consacrées à représenter les BÉLEMNITES curieuses, Knorr (*Recueil de pétrifications*) a figuré en couleur un fragment de calcaire grisâtre et alpin, sur la surface plane duquel sont confondus, comme par l'action du broiement et du tassement, une foule de bélemnites bleues de toutes les longueurs, et des pilosités qui, par leurs courbes, leur faible diamètre, leur longueur et leur couleur ochracée, rappellent la flexibilité soyeuse et la coloration variable des pilosités des APHRODITES; puis des fragments sillonnés de rugosités sinueuses analogues à celles de la membrane palatine des mammifères, et qui représentent très-bien ici les rides articuloïdes qui sillonnent transversalement la surface ventrale des aphrodites, et se terminent, comme les anneaux des chenilles, par un organe locomoteur de chaque côté du corps; çà et là, on voit, en outre, des lamelles analogues à celles qui recouvrent les paires de branchies que l'animal porte sur le dos.

Nous retrouvons le même assemblage de débris caractéristiques sur les fig. 5 et 6 de la planche IV *c* du supplément du *Recueil des pétrifications* du même auteur. On y voit des bélemnites très-petites confondues avec des pilosités noires, parallèles, de l'épaisseur d'un trait de plume, et rangées sur une ligne qui semble dessiner le pourtour latéral du corps d'une *aphrodite*; et, sur l'une et l'autre planche, les rapports de diamètre entre les BÉLEMNITES et les PILOSITÉS fossilisées rappellent ceux des *piquants* et *pilosités* de nos aphrodites. En effet, sur la première planche, la plus forte des bélemnites a en diamètre cinq millimètres, et les pilosités un millimètre; et sur l'autre le diamètre de la bélemnite n'étant que de deux millimètres, celui de la pilosité peut être estimé à 2/5 de millimètre.

L'observation des auteurs anciens, faite sans idée préconçue, ne pouvait pas venir mieux en aide à la démonstration analogique actuelle que l'observation future achèvera de mettre dans tout son jour.

CONCLUSIONS.

A. Dans notre mémoire de 1829 (21), nous avions démontré que les bélemnites (25) formaient la dépouille appendiculaire, la toison (*vellus*), d'un animal mou qu'il s'agissait ensuite de déterminer.

B. Dans le mémoire présent nous croyons avoir démontré que cet animal mou a dû être une grande espèce du genre *Aphrodita* Lin., *Physalus* Rondelet (31).

C. Les bélemnites fossiles n'étaient donc que les piquants (39) ou appendices cornés dont sont hérissés les organes locomoteurs (pieds et nageoires) de ces singuliers vers marins, de ces espèces de cloportes ou chenilles marines, mais chenilles qui naissent et meurent chenilles et ne se transforment jamais.

D. L'*alvéolite* (14) est le cône médullaire cloisonné que l'on retrouve plus ou moins développé à la base de tout appendice piliforme, piquant, poil, etc., et qui prend des formes et des dimensions si appréciables dans le tuyau de la plume qui est le poil des oiseaux (44). On trouve dans ce cône médullaire la cloison, le siphon qui traverse, pour ainsi dire, toutes les cloisons et les enfile ensemble, espèce de moelle de chaque entre-nœud, qui ne communique avec la moelle d'un autre entre-nœud que par une empreinte qu'on distingue sur le sommet de la surface convexe et dans le fond de la cavité concave de chaque diaphragme ou articulation.

E. Que maintenant le dédain des saints universitaires accueille cette communication, le plagiat au profit des dieux académiques ne tardera pas à le suivre; placez-moi, cher lecteur, en meilleure compagnie, en me gardant avec vous.

FIN.

§ 10. EXPLICATION DE LA PLANCHE COLORIÉE.

Fig. 1. Piquant de l'*aphrodita aculeata* Lin. pris sur les faisceaux du milieu du corps (ce sont les plus longs) et dessiné à l'œil nu (§ 39 du texte).

Fig. 2. Piquant pris sur les faisceaux des régions voisines de la bouche et de l'anus, vu à une faible loupe; *b* point d'insertion; *d* sommet (§ 39).

Fig. 3. Piquant moyen (vu à une faible loupe) emportant avec lui un fragment (*a*) de l'épiderme qui sépare la portion (*ab*), implantée dans le corps de l'animal, de la portion externe (*ad*) (41).

Fig. 4. Long piquant entier et vu à une plus forte loupe; (*a*) épiderme; (*ad*) portion externe; (*c*) portion interne sur laquelle on distingue nettement les concamérations en forme de stries transversales (§ 44); (*b'*) renflement bulbiforme; (*c*) sillon longitudinal (§ 43).

Fig. 5. Tronçon inférieur du même piquant vu à un plus fort grossissement, pour rendre plus sensibles les concamérations.

Fig. 6. Appendicule foliacé analogue à notre *Belemnites Emericii* (61).

Fig. 7. (*e*) tuyau de plume rémige du pinson, à travers lequel se distinguent les concamérations cloisonnées (*f*) qui forment la moelle de la plume (§ 14).

Fig. 10. Le même tuyau de plume, vu sur une section longitudinale, pour montrer les rapports des cloisons (*f*) avec leurs siphons respectifs (*g*) (§ 44).

Fig. 8. Une des cloisons (*f*) du tuyau de plume, au centre de laquelle on voit un point, trace du siphon (*g*). La figure est dans une position renversée par rapport à la fig. 10 (§ 44).

Fig. 9. Fossile qu'on nomme *alvéolite*, qui, par sa forme conique, son sommet *d*, les lignes circulaires et parallèles de ses concamérations et le point *b*, trace de l'insertion du siphon, offre l'analogie la plus frappante avec la structure de la moelle du tuyau de plume et de certains piquants, tels que ceux de l'*aphrodita aculeata* Lin. (§ 15, 42).

TABLE DES MATIÈRES.

Bél. retr. a l'état vivant

AVIS.

—

Il n'a été tiré que 200 exemplaires de cet ouvrage.

Le tirage en couleur de la planche en a seul retardé la publication.

EN VENTE AU MÊME BUREAU :

Nouveau système de chimie organique, fondé sur de nouvelles méthodes d'observation, et précédé d'un Traité complet de l'art d'observer et de manipuler en grand et en petit, dans le laboratoire et sur le porte-objet du microscope ; par F.-V. Raspail. 2e édit., 1838, 3 gros vol. in-8°, avec un atlas in-4° de vingt planches, dont quelques-unes coloriées. Prix : 30 fr.

Nouveau système de physiologie végétale et de botanique, fondé sur les méthodes d'observation qui ont été développées dans le *Nouveau système de chimie organique ;* par F.-V. Raspail. 2 gros vol. in-8°, avec un atlas de 60 magnifiques planches dessinées et gravées par les meilleurs artistes. Prix : avec planches en noir, 30 fr. ; avec planches coloriées, 50 fr.

Procès perdu, gageure gagnée ; ou mon dernier procès en 1856, par F.-V. Raspail. In-8° de 88 pages. — Prix : 75 cent. Par la poste en France : 1 fr. 25 cent., en Belgique : 0 fr. 85 cent.

Sommaire.

Mes répugnances à prendre des brevets d'invention. Les instances de mes amis. Je gage que je perde, tout en ayant raison. Brevet qui a failli me coûter la vie. Brevets qui m'ont coûté beaucoup d'argent et en ont fait gagner beaucoup aux autres. Brevet pour l'exploitation de mon invention du charbon artificiel. Coalition occulte pour en opérer la spoliation. Petit juif substitué au premier contractant. Banquier juif substitué au petit juif. Pieux chrétiens substitués aux israélites, sans que je gagne au change. Intervention de Saint-Vincent de Paul dans une autre substitution, d'où découle une parfaite spoliation que je dénonce à la justice qui me déboute. Appel. Rapport favorable de M. le conseiller rapporteur. Conclusions favorables de M. l'avocat général ; arrêt contraire, sous la présidence de M. Zangiacomi. Pourvoi. Histoire de mes démêlés judiciaires avec M. Zangiacomi, juge d'instruction, racontée comme moyen de nullité. Affaire Freschi. Mon arrestation arbitraire à Nantes. Mon incarcération illégale à Paris. Mon interrogatoire par M. Zangiacomi. La saisie de mes lettres à la poste. Perte de ces lettres. Ma résistance au juge. Dénonciation du juge. Ma condamnation à deux ans de prison et cinq ans de surveillance. Infirmation partielle de ce jugement. Cassation de l'arrêt et mon renvoi devant la cour de Rouen. Quasi-acquittement, après six mois de lutte et la ruine du *Réformateur*. Pour en revenir aux brevets : conclusions de M. l'avocat général près la cour de cassation, qui regrette que la cour d'appel en me déboutant de ma demande, ait été souveraine ; plaidoirie de Me Boisviel. Arrêt. Appréciation de cet arrêt. Les écailles de l'huître, et du tout je m'en lave les mains ; j'ai perdu mon procès, j'ai gagné ma gageure, et il me reste zéro.

Nouvelle défense et nouvelle condamnation de F.-V. Raspail à 15,000 fr. de dommages-intérêts, pour avoir demandé, le 8 novembre 1845, et obtenu, le 30 décembre 1847, la dissolution de la société par lui formée avec le pharmacien-droguiste du n° 14, de la rue des Lombards. Prix : 50 c. ; — par la poste : 65 c.

Jaarlijksch handboek der Gezondheid voor 1861, of huiselijke genees- en artsenijkunde. bevattende alle de theoretische en praktische onderrigtingen om zelf zijne geneesmiddelen te bereiden en te gebruiken, zich aldus spoedig en op eene weinig kostbare wijze te behoeden of te genezen van de meeste geneesbare ziekten, en zich eene verlichting, die bijna even zoo veel waarde heeft als de gezondheid, te bezorgen, in de ongeneeslijke of slepende ziekten ; door F.-V. Raspail. — 16e jaargang, of 15e merkelijk vermeerderde uitgaaf. Prijs : 1 fr. 25 cent.

www.ingramcontent.com/pod-product-compliance
Lightning Source LLC
LaVergne TN
LVHW050434160826
845677LV00002BA/700

* 9 7 8 2 3 2 9 6 7 1 0 9 3 *